YOUR KNOWLEDGE HAS VALUE

- We will publish your bachelor's and master's thesis, essays and papers

- Your own eBook and book - sold worldwide in all relevant shops

- Earn money with each sale

Upload your text at www.GRIN.com
and publish for free

Bibliographic information published by the German National Library:

The German National Library lists this publication in the National Bibliography; detailed bibliographic data are available on the Internet at http://dnb.dnb.de .

This book is copyright material and must not be copied, reproduced, transferred, distributed, leased, licensed or publicly performed or used in any way except as specifically permitted in writing by the publishers, as allowed under the terms and conditions under which it was purchased or as strictly permitted by applicable copyright law. Any unauthorized distribution or use of this text may be a direct infringement of the author s and publisher s rights and those responsible may be liable in law accordingly.

Imprint:

Copyright © 2018 GRIN Verlag
Print and binding: Books on Demand GmbH, Norderstedt Germany
ISBN: 9783668687080

This book at GRIN:

https://www.grin.com/document/421065

Yigit Ulukent

Yapay Sinir Ağları ve Zeytin Tarımı

GRIN Verlag

GRIN - Your knowledge has value

Since its foundation in 1998, GRIN has specialized in publishing academic texts by students, college teachers and other academics as e-book and printed book. The website www.grin.com is an ideal platform for presenting term papers, final papers, scientific essays, dissertations and specialist books.

Visit us on the internet:

http://www.grin.com/

http://www.facebook.com/grincom

http://www.twitter.com/grin_com

YAPAY SİNİR AĞLARI VE ZEYTİN ÜRETİMİ

Yiğit Ulukent[1*]

[1]Ankara Üniversitesi, Ziraat Fakültesi, Tarım Ekonomisi

ÖZET: Küresel ısınma nedeniyle ekosistem olumsuz etkilenmekte ve tarımsal alanlar yok olmaktadır. Bunun sonucu; besine ulaşamama, sağlık sorunları, göçler ve ölümlerdir. Sağlığa olumlu etkisi kanıtlanmış olan zeytin, kurak koşullara dayanıklı bir tür olmakla birlikte küresel ısınma nedeniyle gelişecek kuraklık ve su stresinden en fazla etkilenecek tarımsal ürünlerdendir. Zeytinde bulunan antioksidan, antieflamatuar, antikanserojen özellikli maddelerin kalitesinin ve üretiminin azalması dolaylı olarak sağlığı da etkileyecektir. Zeytin ve zeytinyağı örneğinde olduğu gibi hem doğal yolla beslenmede hem de yoğun bakım ve yaşlı beslenmesi gibi suni beslenmede sağlık amaçlı kullanılan besinlerin bu küresel yok oluştan korunması öncelikli olmalıdır. Bu amaçla bilinen geleneksel ve konvansiyonel yöntemlerin doğru uygulanmasının yanı sıra ileri teknolojinin tarımda aktif kullanımı gerekmektedir.

Teknolojik bir devrim niteliğinde olup güvenilirliği kanıtlanmış olan Yapay Sinir Ağları (Artificial Neural Network; ANN) bu anlamda büyük bir gelişmedir. ANN, canlılardaki nöronlara benzer şekilde paralel işleme sinirsel ağlardan oluşur ve insan beyninin basit bir kopyasıdır. ANN; biyoloji, tıp, ekonomi, tarım ve meteoroloji alanlarında kullanılmış ve olumlu etkileri kanıtlamıştır. Bu derlemede, literatür bazında elde edilen bilgiler doğrultusunda küresel ısınmaya önlem olarak ANN'nin kullanılmasının verime, kaliteye, sağlığa ve ekonomiye sağlayacağı artı katkıya dikkat çekmek istenmiştir.

ANAHTAR KELİMELER: iklim değişikliği, zeytin, yapay sinir ağı, sağlıklı beslenme

1. GİRİŞ: Son 100 yıl içerisinde küresel iklim sera gazı emisyonları nedeniyle yaklaşık 0,5°C ısınmıştır. Nicholas Stern'e göre önlem alınmadığı takdirde dünyanın gelecek yüzyılda 1,4°C ila 5,8°C (ort. 4°C) daha ısınacağı öngörülmektedir. Sera gazları şu an engellense bile etkisi yüzyıllarca devam edecek, tarımsal alanlar giderek yok olacaktır (Stern, 2007; Stern, 2013).

Sağlığa olumlu etkisi kanıtlanmış olan zeytin diğer meyve türlerine göre topraktaki suyu daha etkili bir şekilde kullandığından kurak koşullara dayanıklı bir türdür. Ancak büyüme ve meyve gelişimi sürecinde oluşacak su stresi zeytin kalitesini düşüreceğinden küresel iklim değişiminden en fazla etkilenecek tarımsal ürünlerdendir. Özellikle kalp krizi, inme ve ölüm oranını % 30 azaltan zeytinin küresel iklim değişikliklerine direnmesi için ileri teknolojik yöntemlerin kullanılması verime, kaliteye, üretim maliyetine, sağlığa ve sağlık harcamalarına önemli bir artı katkı sağlayacaktır (Cesari vd., 2018).

2. MATERYAL VE YÖNTEM: Çalışmada küresel ısınmanın tarıma ve sağlıklı bir besin olan zeytinin verimine, kalitesine olan etkisi ve alınabilecek önlemler literatür bazında araştırılmıştır. Verimin artırılması için kullanılan konvansiyonel yöntemler yanında ileri teknolojik yöntem olan ANN'nin kullanıldığı alanlar ve sonuçları değerlendirilmiştir.

3. TARTIŞMA: Zeytin ve zeytinyağı kalori bazlı besleyici değeri yanında yüksek miktarda E vitamini, K vitamini ve faydalı doymamış yağ asitlerini içerir. İçeriğindeki aktif bileşikler olan hydroxytyrosol, oleocanthal ve oleuropein antioksidanları, antienflamatuar etki ile LDL (low density lipid) kolesterolü oksidasyondan korur ve kalp hastalıklarını önler. İmmun sistemi destekler, antikanserojendir. Beyin ve sinir sistemini hücre hasarından koruduğu için Alzheimer, demans ve diğer nörolojik hastalıkların oluşumunu engeller (Gorzynik-Debicka vd., 2018).

Zeytinin içeriğindeki aktif bileşenlerin korunması meyve kalitesi ile doğrudan ilişkilidir (Varol, Ayaz, 2012). Bu nedenle;

- Özellikle Haziran-Ağustos aylarındaki su stresinden zeytin ağacının korunması gerekir. Su tasarrufu ve verim için bu dönemlerde düzenli damla sulama yapılmalıdır.
- Kurak koşullara dayanıklı çeşitler yaygınlaştırılmalıdır.
- Toprak işleme mümkünse yapılmamalı ya da yüzeysel yapılmalı, yabancı ot kontrolüne dikkat edilmelidir.
- Eğimli arazilerde teraslar oluşturulmalı, rüzgar perdeleri ile nem korunmalıdır.
- Suni gübre kullanımından kaçınılmalı, yeşil gübre tercih edilmelidir.
- Budama ile gereksiz dallar kesilmelidir ve ağaçlar alttan taçlandırılmalıdır.
- Teknolojik yeni tarım stratejileri kullanılmalıdır. Amaç iklimsel ve jeolojik olayların bir bilgi sistemine kayıt edilmesi ve olumsuz koşulların erken öngörülebilmesidir (Şekil 2.1).

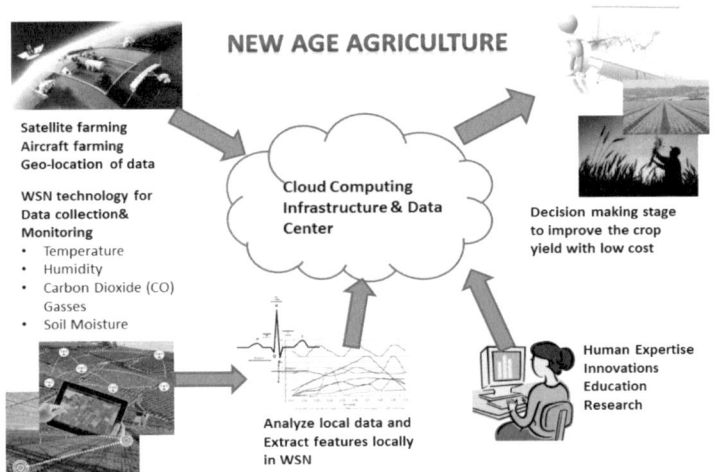

Şekil 2.1. Wireless Sensor Networks for Agricultural Applications. http://depend.csl.illinois.edu/archives/wsn_agri/#sthash.jLZBz292.dpbs.

Bu bilgi sistemine entegre edilmiş tarım alanlarının sulama, gübreleme, bakım ve ilaçlama gereksinimlerinin robotlarla, analiz ve takiplerinin insansız hava araçları (İHA, drone) ile yapılması ve tek merkezden kontrol edilmesi ise değişikliklere adaptasyonun en erken dönemde olmasını sağlayacaktır (Şekil 2.2).

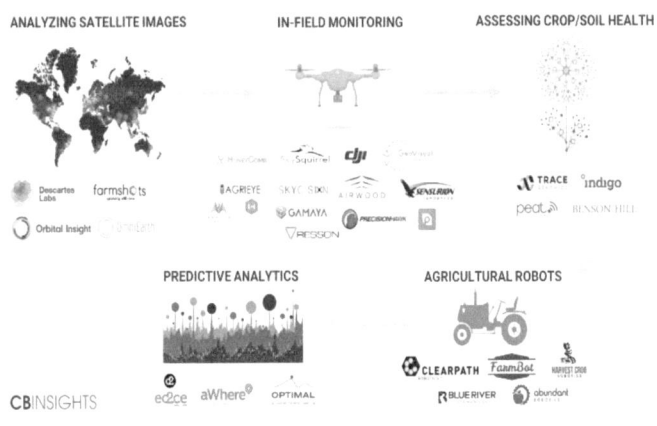

Şekil 2.2. https://www.cbinsights.com/research/ai-robotics-agriculture-tech-startups-future/

ANN, canlılardaki nöronlara benzer şekilde paralel işleme sinirsel unsurlarından oluşur ve insan beyninin basit bir kopyasıdır. Uygun bir tahmin modeli yardımıyla genelleme için kullanılacak büyük miktarlarda deneysel bilgiyi depolayabilmektedir (Gonzalez-Fernandez vd., 2018). ANN; biyoloji, tıp, ekonomi, tarım ve meteoroloji alanlarında kullanılmış ve olumlu etkileri kanıtlamıştır. İklim değişikliklerine, zeytinin gelişim sürecinde ihtiyacı olan su ve gübreye yönelik konvansiyonel önlemler yanında ANN'nin kullanılması verimi ve kaliteyi ciddi oranda artıracaktır (Gago vd., 2010; Samborska vd., 2014).

Qiao ve ark. topraktaki su alımını analiz ettikleri bir çalışmalarında ANN'den yararlanmışlardır (Qiao vd., 2010). ANN tarafından kullanılan girdi verileri: toprağın nemi, toprağın elektrik iletkenliği, bitkinin gövde yüksekliği ve çapı, potansiyel buharlaşma, hava nemi ve sıcaklıktır. ANN tarafından elde edilen çıktı verileri: farklı toprak derinliklerinde bitki köklerinin su alımının tespitidir. Absorpsiyon oranı doğrudan kütle ölçümlerine dayanılarak tahmin edilmiş, toprak neminin değerlendirilmesi Darcy yasası ile hesaplanmıştır. Elde edilen sonuçlar invaziv yöntemlerle paralellik gösterdiğinden ANN kullanımı non invaziv ve güvenli bir teknik olarak önerilmiştir.

ANN'ler bitki virüsleri analizleri için de kullanılmıştır. Glezakos ve ark. muz yaprakları üzerine çevresel faktörleri ve bitki virüslerini değerlendirdikleri çalışmada ANN'nin kullanışlı olduğunu doğrulamışlardır (Glezakos vd., 2010).

Özkan ve ark. yapay arı kolonilerinin günlük iklim verileri, güneş ışınımı, hava sıcaklığı, bağıl nem ve rüzgar hızı ile ilişkisini standart algoritmalarla ANN'nin sonuçlarını değerlendirmişlerdir. Elde edilen sonuçlar ANN ile elde edilen verilerin güvenilir olduğunu göstermektedir (Ozkan vd., 2011).

4. SONUÇ: Küresel ısınma ile tarım ürünlerinde azalma ve beslenme yetersizlikleri ve buna bağlı gelişen hastalıklar, artan sağlık harcamaları önümüzdeki 10 yılda ciddi bir sorun olarak karşımıza çıkacaktır. Zeytin ve zeytinyağı örneğinde olduğu gibi hem doğal yolla beslenmede hem de yoğun bakım ve yaşlı beslenmesi gibi suni besin ürünlerinde kullanılan sağlıklı tarımsal besinlerin bu küresel yok oluştan acilen korunması gerekmektedir. Bu bilgilerden yola çıkarak çalışmada geleneksel ve konvansiyonel yöntemler yanında ANN gibi teknolojik bilgi sistemlerinin ve robotik uygulamaların ülkemiz tarım alanlarına en kısa zamanda entegre edilmesinin gerekliliği vurgulanmak istenmiştir.

KAYNAKLAR:

1. Stern, Nicholas. 2007. The Economics of Climate Change: The Stern Review. Cambridge and New York: Cambridge University Press.

2. Stern N. (2013). The Structure of Economic Modeling of the Potential Impacts of Climate Change: Grafting Gross Underestimation of Risk onto Already Narrow Science Models. Journal of Economic Literature. 51(3);838-859.

3. Cesari F, Sofi F, Molino Lova R, Vannetti F, Pasquini G, Cecchi F, Marcucci R, Gori AM, Macchi C; Mugello Study Working Group. (2018). Aging process, adherence to Mediterranean diet and nutritional status in a large cohort of nonagenarians: Effects on endothelial progenitor cells. Nutr Metab Cardiovasc Dis. 28(1):84-90. doi: 10.1016/j.numecd.2017.09.003.

4. Gorzynik-Debicka M, Przychodzen P, Cappello F, Kuban-Jankowska A, Marino Gammazza A, Knap N, Wozniak M, Gorska-Ponikowska M. (2018). Potential Health Benefits of Olive Oil and Plant Polyphenols. Int J Mol Sci. 28;19(3). pii: E686. doi: 10.3390/ijms19030686.

5. Varol N, Ayaz M. (2012). küresel iklim değişikliği ve zeytincilik. Türk Bilimsel Derlemeler Dergisi. 5(1):11-13.

6. Gonzalez-Fernandez I, Iglesias-Otero MA, Esteki M, Moldes OA, Mejuto JC, Simal-Gandara J. (2018). A critical review on the use of artificial neural networks in olive oil production, characterization and authentication. Crit Rev Food Sci Nutr. 30:1-14. doi: 10.1080/10408398.2018.1433628.

7. Gago J, Martínez-Núñez L, Landín M, Gallego PP (2010) Artificial neural networks as an alternative to the traditional statistical methodology in plant research. J Plant Physiol 167 (1):23-27. doi:http://dx.doi.org/10.1016/j.jplph.2009.07.007.

8. Samborska IA, Alexandrov V, Sieczko L, Kornatowska B, Goltsev V, Cetner MD, Kalaji HM. (2014). Artificial neural networks and their application in biological and agricultural research. Signpost Open Access J. 2:14-30.

9. Qiao DM, Shi HB, Pang HB, Qi XB, Plauborg F. Estimating plant root water uptake using a neural network approach. (2010). Agr Water Manage. 98 (2):251-260. doi:http://dx.doi.org/10.1016/j.agwat.2010.08.017.

10. Glezakos TJ, Moschopoulou G, Tsiligiridis TA, Kintzios S, Yialouris CP. (2010). Plant virus identification based on neural networks with evolutionary

preprocessing. Comput Electron Agr. 70 (2):263-275. doi:http://dx.doi.org/10.1016/j.compag.2009.09.007

11. Ozkan C, Kisi O, Akay B. (2011). Neural networks with artificial bee colony algorithm for modeling daily reference evapotranspiration. Irrig Sci. 29 (6):431-441. doi:10.1007/s00271-010-0254-0

YOUR KNOWLEDGE HAS VALUE

- We will publish your bachelor's and master's thesis, essays and papers

- Your own eBook and book - sold worldwide in all relevant shops

- Earn money with each sale

Upload your text at www.GRIN.com
and publish for free